L'OBSEVATEUR.

L'OBSERVATEUR

AU MUSÉE NAPOLÉON

OU

LA CRITIQUE DES TABLEAUX

EN VAUDEVILLE.

Les Artistes sont des astres qu'on n'observe qu'en les admirant.

De l'Imprimerie de Mme. LABARRE,
rue St.-Germain-l'Auxerrois.

1806.

INTRODUCTION.

Air : *Si Dorilas.*

Sous les auspices du génie,
Les Arts ont accru leur splendeur ;
La conquête de l'Ausonie
Nous en a transmis la grandeur. (*bis.*)
Vous que l'enthousiasme inspire,
Au sein de la félicité ;
Comme vos sujets qu'on admire (*bis.*)
Volez à l'immortalité.

L'OBSERVATEUR
AU MUSÉUM.

ANSIEAUX.

2. Le portrait d'un jeune enfant, vêtu de blanc, dans un paysage, un coq auprès de lui. Il faudrait un peu plus d'air. Joli tableau.

APARICIO.

6. Epidémie d'Espagne en 1804 et 1805. La scène se passe dans l'intérieur d'un lazareth, et représente l'instant où le père de l'auteur, atteint de ce mal incurable, prêt à finir ses jours, reçoit le portrait de cet artiste et celui de son frère, avec une lettre d'envoi que sa fille lui présente, et dont la physionomie exprime le sentiment de la piété filiale : un respectable évêque qui administrait ces moribonds, s'approche : Bénissez vos enfans, dit-il, et rendez graces à Dieu du moment de bonheur dont il vous

fait jouir à votre dernière heure ». Tel est le sujet pathétique et plein de vérité que le pinceau savant de M. Aparicio nous retrace. C'est en général un bon tableau, et qui fait honneur au pinceau énergique de cet artiste espagnol.

Mlle. AUGER.

7. Son propre portrait en pied s'appuyant sur une harpe, sa robe blanche, trop égale de tein, se détache cruement sur un tapis brun, dont les fleurs d'un blanc également brillant attirent l'œil.

Mme. AUZOU.

11. Un jeune homme, forcé de rejoindre son adversaire pour se battre en duel, et tenant une paire de pistolets ; son épouse endormie sous le calme de la confiance, ayant son enfant dans ses bras. Ce regret est bien exprimé dans l'action, et le dernier regard de tendresse qu'il jette sur son rejetton, fait admirer ce tableau.

Air : *De la soirée orageuse.*

Aimable artiste, ton pinceau,
Sert l'art et la philosophie ;
Oui, je l'apprends par ce tableau,
L'honneur n'est point la barbarie :
En rappellant à tout Français
Le véritable emploi des armes,
Pour preuve d'un heureux succès,
Auzou, tu vois couler nos larmes.

BARBIER-WALBONNE.

14. Superbe tableau de famille ; exécution et coloris brillants.

BARRABAND.

15. Deux coqs se battent pour une poule hupée. Ce tableau est comparable à ce qu'il y a de mieux en ce genre.

Air : *Avec les jeux dans le village.*

Lafontaine de la Peinture,
Barraband tu charmes nos yeux ;
Tu dérobas à la nature
Ses traits fins et toujours heureux.
Ce combat d'aimable mémoire,
A nos neveux doit plaire un jour ;
Il a placé, non dans l'histoire,
Mais dans les fastes de l'amour.

BEAUMIER.

19. Massinissa. La figure de Massinissa se dessine mal sous la draperie rouge qui l'enveloppe, le bras qui soutient Sophonisbe est beaucoup trop long de l'épaule au coude, la cuisse n'appartient pas au corps.

Mme. BENOIT.

22. Portrait d'une dame en noir avec un schall rouge de brique un peu sec; cela tient toujours de l'école dont elle est sortie; mais il est précieusement dessiné, et c'est un vrai mérite.

BERTHON.

29. Une femme en pied. Draperie trop tortillée, bras trop maigre, couleur un peu grise.

31. Reddition de la ville d'Ulm, et la présentation des officiers Autrichiens à sa majesté l'Empereur. Belle composition, site heureux pour l'effet.

BONNEMAISON.

47. Son Exc. M. de Caulaincourt, grand écuyer, portrait ressemblant.

BOUCHET.

54. Portrait en pied d'une dame en noir, tenant une guittare appuyée sur un petit tabouret. Composition ingénieuse et savante, belle exécution.

Mlle. BOUNIEU.

56. Pygmalion, amoureux de sa statue. Les cuisses sont beaucoup trop longues, le corps maigre, excepté la gorge qui est bien dessinée; la tête est d'un beau caractère; le bras gauche est trop maigre et roide de dessin.

BOURDON.

58. Donation faite par Abeilard de l'Oratoire du Paraclet à son Héloïse ; exécution molle, couleur grise; demi correct.

B R O C A S.

66. Aristide, condamné à l'exil, réfugié dans une caverne avec ses deux filles: la plus jeune qui s'appuie sur les genoux du père, est aussi formée que sa sœur ainée, qui est beaucoup plus grande, et dont la tête est d'une expression touchante, ce qui n'est pas dans la nature.

BROSSARD DE BEAULIEU.

68. Le portrait de l'auteur en ovale, mieux peint que celui de M. de Juigné.

70. Portrait de M. de Juigné, ci-devant archevêque de Paris, trop noir pour les ombres ; chairs trop grises.

B R U N.

75. Accords d'un mariage. Genre familier. Petit tableau d'un charmaut dessin et d'un effet agréable et vrai.

Air : *On compteroit les diamans.*

Belle, tout comblera vos vœux ;
Vos doux attraits en sont l'augure ;

Un cœur fait pour des jours heureux
S'annonce sur votre figure.
L'auteur, à ces charmans apprêts
Donna tant de grace et d'aisance,
Que le Critique vient exprès
En marquer sa reconnaissance.

BRUYERE.

78. Tableau de fleurs et de fruits, l'hortensia et le melon sont à tromper, le raisin n'est pas aussi bien rendu.

CHABORD.

91. Portrait en pied de M. D.... en habit de chasseur; beau dessin, belle exécution.

Mme. CHARPENTIER.

94. Tableau de famille. Un aveugle au milieu de ses enfans est consolé de la perte de sa vue par son épouse, pinçant de la guittare; la petite fille lui baise la main gauche.

Ce tableau est intéressant; la robe blanche de la femme est bien rendue.

CHASSELAT.

99. Un musicien donnant le ton avec son violon à une jeune dame ; elle est vêtue de blanc, et se dispose à se mettre à son piano, tableau d'un grand mérite.

Air : *jadis un Grand Prophete.*

Des portraits, la monotonie,
  Choque souvent l'Observateur ;
  Mais de celui-ci l'harmonie
  Réveille les yeux et le cœur.
  Les charmes d'un joli modèle,
  Méritent un savant pinceau ;
  Le simple portrait d'une belle,
  Par là devient un bon tableau.

Mme. CHAUDET.

103. Une femme ayant attaché sur son dos son enfant (dont la tête est charmante), cherche à s'échapper d'une prison : ce tableau est bien dessiné, d'une bonne couleur et ne peut que faire honneur aux talens reconnus de Madame Chaudet.

CREPIN.

117. Combat naval du 29 vendémiaire

an 14 : esquisse terminée qui peut passer pour un fort beau tableau.

D A B O S.

118. Le portrait jusqu'aux genoux de S. E. Mgr. le cardinal de Belloi, sénateur et archevêque de Paris, âgé de 98 ans; portrait frappant par la ressemblance et d'une exécution savante.

D A N L O U X.

125. Deux enfans s'amusant avec un gros dogue; les chairs sont d'un rouge blaffard; le chien est vrai.

126. La princesse Santacroce. Tête rose et plate. Tableau médiocre.

D A V I N - M I R V A U L T.

128. Une glaneuse; la tête est bien peinte, mais le sein est un peu noir. La draperie noire n'est pas heureuse sur le blanc; elle ne doit pas sortir d'une forêt après avoir glané.

D E B R E T.

131. Bonaparte honorant le malheur des

B

officiers ennemis. Tableau dont les têtes
sont pleines d'expressions variées ; coloris
un peu trop sombre.

DELORAS.

138. Androclès tirant l'épine de la patte
d'un lion. Ce tableau académique est fort
bien peint.

MARNE.

142. Un abreuvoir où vont boire des
vaches. Fort beau paysage dans le goût du
Berghem.

Mlle. DESORAS.

152. Ni l'un ni l'autre ; beaucoup de fi-
nesse expressive dans la tête de la jeune personne. Tableau délicieux pour l'effet, la
couleur et l'exécution.

DESORIA.

154. Portrait de femme, bien dessiné et agréablement peint.

DEVOSGE.

155. Dévouement de Cimon, fils de Miltiades. Belle composition; dessin savant et correct.

DEVOUGE.

156. Portrait de M. Henry, acteur du Vaudeville.

157. Portrait de madame Duchaume, actrice du Vaudeville. Ressemblance frappante.

158. Portrait de M. Hyppolite, acteur du même théâtre.

DUFAU.

166. Son Exc. le maréchal Marescot, sa femme, etc. Tableau de famille. Les têtes, sur-tout celle du général, sont très-bien peintes : ce tableau fait honneur à M. Dufau.

DUNANT.

179. Trait de générosité française. Des

conscrits réjoignant leurs corps , rencon-
trèrent, au milieu des neiges, des prisonniers
autrichiens extenués de froid et de fatigue.
Ils leur distribuent de l'argent. Ce trait
digne des Français , est parfaitement rendu
par M. Dunant.

D U V I V I E R.

185. Dix dessins représentant Appollon
et les Muses. Les dessins sont de la plus
pure correction , du plus beau stile et peu-
vent aller de pair avec les productions en
ce genre de nos plus grands maîtres.

Air : *Jeunes amans , cueillez les fleurs.*

Le dieu du Pinde , et les Neuf Sœurs ,
En personne daignent paraître ;
Les Peintres comme les Rimeurs
Acceptent ce grouppe pour maître :
Ne croyez pas que Duvivier
Ait fait seul ce charmant ouvrage ;
Car le céleste grouppe entier
Dessina chaque personnage.

187. Un chasseur , tenant un fusil. Demi
figure ; très bon portrait , qui doit ressem-
bler infailliblement.

FLEURY.

196. *Le songe d'Oreste tourmenté par les Furies.* Ce parricide est étendu sur un lit où il croit trouver le repos : une d'elle lui montre sa mère Clytemnestre avec le poignard dont il déchire son sein ; l'autre lui présente une coupe ensanglantée, et la dernière le fustige avec ses serpents. Ce tableau d'un effet terrible et d'un coloris vigoureux, n'est pas un des moindres du sallon.

198. *Vénus embrassant Adonis partant pour la chasse.* Pourquoi, dans la disposition, M. Fleury a-t-il détaché en ombre le profil de la reine de Cythère ! Cette charmante déesse n'est pas d'une carnation assez fraîche auprès de son Adonis, qui doit l'emporter indubitablement par la couleur.

FRANQUE (Joseph).

207. *Hercule arrache Alceste des enfers.* Arrivé aux portes du jour, ce dieu héros jette son dernier regard aux puissances infernales. Tableau d'un grand style et d'un coloris vigoureux.

GERARD.

221. Trait de générosité française, etc.
Le bras droit de l'officier autrichien est trop
roide, et paraît collé contre le corps ; les
jambes courtes et maigres en raison des
cuisses trop blanches, et qui se confondent
avec la couleur de l'habit.

***

GIRODET.

223. Scène du Déluge ; une famille prête
à être engloutie dans les eaux par la tempête.
Le bras de l'homme qui tire la femme à lui,
forme une ligne angulaire, qui coupe le tableau et n'est pas agréable à l'œil.

***

GRANET.

232. L'intérieur de l'église souterraine de
St. Martin, *in Monte ;* un effet heureux
ainsi qu'une grande vérité, facilement rendue, brillent dans ce tableau.

G R O S.

241. **Bataille d'Aboukir.** Ce superbe tableau, supérieur à la peste de Jaffa, commande l'admiration universelle par la beauté des détails, le brillant du coloris, la correction du dessin, l'expression vraie de toutes les têtes dont plusieurs sont effrayées à l'aspect du général Murat, auquel le fils du pacha, commandant l'armée des Turcs, présente le sabre de son père, avec le dépit d'être vaincu par un héros français. Le colonel Duvivier, atteint par une balle, et renversé au milieu de ses dragons, se distingue dans la chaleur de cet horrible combat qui se passa dans les plaines d'Aboukir, le 7 thermidor de l'an 7, lorsque la victoire se décida sans réserve pour nos braves soldats. Toutes les parties de ce tableau sont à dire vrai si brillantes, que l'on ne sait sur laquelle l'œil doit s'arrêter. Quelques sacrifices faits avec réflexion, détruiraient toujours les diatribes des envieux qui n'atteindront jamais un si grand mé-

rite. Voilà, voilà le tableau à qui appartient la couronne , ainsi que celui du même artiste qui fut exposé en 1804.

HARRIET.

244. Hilas enlevé par les Nymphes. Tableau bien défini et d'une bonne couleur; c'est bien dommage que la mort nous ait enlevé cet estimable artiste qui nous aurait enfanté d'autres chefs-d'œuvres.

HENNEQUIN, (de Lyon).

252. La bataille des Pyramides. Ce tableau , bien supérieur à celui de la bataille de Quiberon, exposé au sallon du Muséum en 1804 , peint bien la vérité de l'action , par les blessés et les mourans dont la terre est jonchée, par la belle entente des effets d'ombres et de lumières , et sur tout par la perspective aérienne qui est artistement observée : il est un des plus beaux de M. Hennequin.

HENRI.

254. Portrait de femme, agréablement peint et savamment disposé.

***

HILAIRE-LEDRU.

258. Une femme implorant la commisération publique. Tableau intéressant pour le sujet et pour la manière ingénieuse dont est rendu le caractère mélancolique de cette jeune veuve et mère qui se cache en partie le visage avec sa main gauche, tandis que de la droite, elle presse celle de son fils, dormant dans un petit charriot, étant forcée de vivre des talens qu'elle n'avait autrefois acquis que pour son plaisir.

Air : *Le connoît-tu, ma chère Eléonore.*

Sensible Artiste, où pris-tu le modèle,
Qui fait briller tes talens et ton cœur ?
Ah ! ton tableau, par sa touche fidèle,
De tous les temps s'élevera vainqueur.

N'importe où fut cette touchante mère,
Elle excita la sensibilité ;
Heureux Ledru, si ton siècle est sévère,
Attends ton lot de la postérité.

J. F. HUE.

265. Vue du port de Boulogne en l'an 13. Vraie couleur grise, tableau généralement faible, pour être de M. Huë.

———————————

INGRES.

272. Sa M. l'Empereur Napoléon Ier. sur son trône, tableau bien peint, détails précieux : mais la figure est trop ramassée et donne des raccourcis qui ne sont point heureux ; la tête est trop blanche de couleur, elle n'est pas d'une parfaite ressemblance, et ne rend pas la figure énergique du vainqueur d'Austerlitz.

273. Un peintre, dont la tête à cheveux noirs et durs, se détache en découpure sur une grande toile blanche ; l'artiste vêtu en noir et recouvert d'une rédingotte blanche, essuie avec un mouchoir très-blanc ; ce qui fait blanc sur blanc.

273. Une dame toute en blanc, schall blanc sur une robe blanche, tête et bras

lanc mêlés d'un peu de couleur rose. Cette
olie femme, est sur des careaux bleux de
iel. Il me paraît qu'Ingres aime le blanc
lus que ses yeux.

KINSON.

277. Son Exc. le ministre directeur de
l'administration de la guerre. Portrait en
pied ; médiocrement coloré.

KOBELL.

278. Un paysage agréable, un ciel heureux
pour la vérité, des vaches se reposant dans
une prairie. Tableau précieux.

LAFOND (jeune).

297. Sa Majesté l'Impératrice entourée
d'enfants dont elle a bien voulu secourir
les mères. Composition assez bonne, dessin faible, couleur grise.

Air : *Femmes voulez-vous éprouver.*

L'Artiste, de son choix heureux,
Se félicite avec la France ;
Si son talent fixe les yeux,
Il fixe la reconnaissance.
L'esprit juge autant que le cœur,
Et son sujet et son ouvrage ;
Lafond, c'est hâter son bonheur
Que d'accélérer son suffrage.

LANDON.

306. Léda tenant Pollux et Hélène sur ses genoux, et caressant son cygne chéri : coloris trop également rose. C'est à quoi M. Landon est sujet ; il voit la nature en rose. Il y en a tant qui la voient en noir, pour les ombres, et en violet pour les clairs. Les cuisses de la Nymphe *Léda* sont trop longues.

LANGLOIS, père.

307. Leçon des sourds-et-muets ; l'instituteur, M. l'abbé Sicard, apprend à une de ses élèves l'art d'articuler des mots. Les personnages qui l'entourent sont tous sourds

et muets, tandis que Massieu, son meilleur élève, montre avec le doigt cette maxime tracée en blanc sur un mur: la reconnaissance est la mémoire de l'ame. Toutes les têtes frappent pour la ressemblance, sur-tout celles de M. Sicard et Massieu.

Air : *J'ai vu partout dans mes voyages.*

> Enseigner au sot à se taire
> Serait un art bien merveilleux ;
> Qu'un muet parle , c'est l'affaire
> D'une leçon d'une heure ou deux :
> Mais qu'un tableau peigne la chose
> Dans son exacte vérité ;
> Que de grands noms , malgré la glose,
> Iront à la postérité.

308. Une jeune fille qui demande l'aumône. Les cuisses et les jambes sont beaucoup trop longues. Quel dommage ! La tête, les bras et les mains sont d'un excellent dessin.

LAURENT.

316. Un tableau charmant : une jeune paysanne considère attentivement une rose mouillée de rosée, auprès d'une fontaine

où elle est venu e chercher de l'eau, elle ne s'apperçoit pas que sa cruche est pleine. Les cuisses sont trop longues.

LEBARBIER l'aîné.

324. L'amour perché sur un arbre. Tableau charmant pour la couleur et l'effet.

LEBEL.

327. Le regret maternel. La nourrice qui se retire en pleurant avec son fils, qui est un peu trop grand, en comparaison du frère de lait, est vraie, le profil de la mère, embrassant son fils mort, respire un sentiment puisé dans la nature.

LE BOULANGER.

330. Les reproches d'Hector à Pâris dans les bras d'Hélène. Tableau d'un grand stile pour le dessin et la composition.

LEMIRE, jeune.

347. La mort d'Annibal, bon dessin et
el effet.

LEMONNIER.

349. Le départ d'Ulisse et de Pénélope.
a tête de Pénélope toute jeune , est pleine
e charmes. Ce bon tableau, quoiqu'un peu
ris de couleur , est digne de M. Lemon-
ier.

LEROY (de Liancourt.)

352. Beau trait de l'Empereur Napo-
éon 1er. en visitant les environs du Château de Brienne; l'Empereur descendit chez
une bonne femme, habitante une chaumière
au fond d'un bois, chez laquelle, pendant
son séjour à l'Ecole-Militaire, il allait pren-
dre du lait, il s'y présenta seul et lui demanda si elle le remettait : la bonne femme
se jetta à ses pieds, l'Empereur la rele-

vant avec bonté , lui demanda si elle n'avait rien à lui offrir ? Du lait et des œufs, répondit-elle. La tête de la bonne femme est pleine d'expression.

LIBOUR.

360. Un mamelouk, mourant de fatigue dans le Désert ; figure savemment peinte ; d'un beau dessin : coloris vigoureux qui rend parfaitement la nature brûlante du climat africain.

Mlle. LARIMIER (Henriette).

362. Jeanne de Navare conduisant son fils au tombeau qu'elle a fait élever à la mémoire de son époux Jean IV, duc de Bretagne, surnommé le Conquérant, mort en 1399. Charmant tableau d'un bon effet.

MARTEL.

369. Pie VII bénit les enfans dans son

appartement au Château des Tuileries, étant entouré de son clergé ; manière ronde et molle , dessin très-incorrect. Les têtes des femmes ne sont pas assez variées.

Mademoiselle M A Y E R. (Constance)

375. Vénus et l'Amour endormis, caressés et réveillés par les Zéphirs. Composition délicieuse; figures un peu incorrectes; mais gracieuses ; effet heureux et piquant. Ce tableau ne peut que faire honneur au pinceau brillant de Mlle. Mayer.

M E N A G E O T.

379. Supercherie de Vénus. La figure de Vénus n'a pas cet air fin que l'on attribue à la reine de Cithère : les enfans sont trop roides et trop indifférens à l'action qui se passe à leur sujet. Ce tableau n'est pas à la vérlté un des plus beaux du sallon.

Air : *si Dorilas.*

La souveraine de Cithère ,
Doit avoir un plus fin minois;

Je voudrais que de ce mystère,
On la vît rire en tapinois ;
Et puis ces enfans à la glace
Rappellent trop le mannequin ;
Vous pouviez mieux garnir la place ;
Je le dis franc, c'est trop mesquin.

38o. L'Envie veut arracher les ailes de la Renommée. Ce tableau est bien supérieur à la supercherie de Vénus pour le dessin, la couleur et l'effet, les chairs de la Renommée sont d'une grande fraîcheur et contrastent parfaitement avec les teintes livides de l'Envie.

Madame MONGEZ.

386. Thésée et Pirithous purgent la terre des brigands qui l'infectaient, et délivrent de leurs mains deux femmes. Dessin assez pur, pinceau sec (cela tient de l'école), la draperie bleue qui lie la main du brigand renversé, n'est pas heureuse pour le choix ; cependant ne vous découragez pas, madame, votre tableau n'est pas sans mérite.

PERRON.

414. La paix alimente les arts ; toujours

du blanc. Sortant de l'école de David, on ne peut manquer d'user beaucoup de cette couleur. Colonne blanche , tête claire, fond clair , tout est très-clair , oui bien clair dans ce tableau , gros enfans , bien dodus, bien ronds. Pour singer Raphaël a-t-on réussi? cela reste à savoir. Ce tableau devrait faire suite avec les productions toutes blanches de M. Ingres.

Air : du petit Matelot.

Ah ! quelle teinte monotone !
Que ce blanc m'offusque les yeux !
Blanche tête , blanche colonne ,
Font l'effet le plus ennuyeux.
De ce tableau peint à la glace ,
Nos neveux verront peu l'effet ;
C'est une croûte qui s'efface ,
A fur et mesure qu'on fait.

————————

PERRIN.

415. La France, appuyée par la religion , consacre à Notre-Dame de Gloire, les drapeaux remportés sur l'ennemi, pour la Chapelle impériale. Ce tableau est recommandable par une bonne couleur et un beau

faire est bien digne de la place qu'on lui destine.

* * *

Mme. PERSUIS.

417. Deux jeunes filles, il y a de la vérité dans ce joli tableau.

* * *

PEYTAVIN.

420. Polixène arraché par Pirrhus des bras d'Hécube, sa mère. Les figures sont trop froides pour l'action. On dirait que Pirrhus veut embrasser Hécube ; cependant il y a des beautés de détail dans ce tableau.

* * *

PONCE-CAMUS.

425. Rollon et Poppa, la femme de Rollon qui se voue à la mort pour son mari, est beaucoup trop petite en comparaison du corps énorme du Moribond ; l'effet général en est bien entendu.

P R O T.

427. Le songe d'Alcione. L'Artiste est bien entré dans l'esprit d'Ovide ; la lumière tremblante qui perce les ténébres , est d'une parfaite illusion.

R I E S N E R.

436. Une demoiselle coëffée d'un chapeau de paille , vêtue d'une robe bleue céleste , tenant un livre ; agréable portrait.

R I G O.

438. Clémence de Bonaparte envers une famille arabe. Composition savante et détails bien rendus par l'exacte fidélité des costumes turcs ; l'enfant que sa mère, (suivie d'une fille éplorée), jette dans les bras du général, a le corps trop long , les jambes trop lourdes et la tête trop petite

437. Clémence de Bonaparte , Napoléon ,

envers le divan. Ressemblance parfaite du héros alors consul. Large et bonne composition.

RIVIERE.

439. Un portrait de femme en pied: Le bras droit, portant sur le genou, a trop de longueur de l'épaule jusqu'au coude; tête trop sèche d'exécution.

Mlle. RIVIERE.

440. Une jeune dame brodant d'étude. Le fond est un peu trop sombre en raison de la robe qui est noire. Cette étude doit être regardée comme un bon tableau.

LEFEVRE (Robert).

442. Portrait en pied de sa majesté l'Empereur et roi d'Italie Napoléon premier. La ressemblance n'est, dit-on, pas encore assez parfaite.

443. Portrait en pied d'une dame et de son fils. Tableau digne du Wandik.

ROLLAND.

452. Homère chantant son Illiade, l

ombres lourdes et le stile roide, désigne
assez d'où sort cet artiste.

TARDIEU (Charles).

488. La mort du Corrège. J'en suis fâché
pour M. Tardieu : ce tableau, quoique
passablement composé, est d'une exécution
trop faible pour que l'on en parle avanta-
geusement.

TAUNAY.

491. Le présent de nôces : la gaité vive
brille dans les yeux des personnages qui
accompagnent la mariée. Cette jeune vil-
lageoise a la tête et l'estomach trop petits
en raison des jambes, son caractère insi-
gnifiant prouverait, pour ainsi dire, qu'elle
ne prend pas grande part à la fête. Les figures, quoique pleines de goût, sont trop
longues en général et très-incorrectement
dessinées.

THEVENIN.

496. Passage de l'armée française au
mont Saint-Bernard, commandée par sa
majesté l'Empereur, alors premier Consul,

le 28 floréal an 8 de la République. Ce tableau, d'une grande vérité, pour les détails, fait le plus grand honneur à M. Thevenin.

Air : *du petit Matelot.*

Il fallait le pinceau d'Apelle,
Pour tracer ce mont sourcilleux,
Que franchit l'audace immortelle
Du Héros favori des cieux.
Thévenin, ton pinceau sublime,
Par son exacte vérité,
Trace aussi ton nom sur la cime
Du mont de l'Immortalité.

Air : *Mon père étoit pot.*

Messieurs les Artistes, bon soir,
  J'ai perdu ma Lorgnette ;
Je vais, pour revenir vous voir,
  D'une autre faire emplette :
  Mais dans tous les cas
  Ne vous fâchez pas ,
Si je mords et badine ;
  Car, à mon retour,
  On me prendra pour
  L'ami de Colombine.

www.ingramcontent.com/pod-product-compliance
Lightning Source LLC
LaVergne TN
LVHW010335030726
842520LV00004B/1472